RECHERCHES

SUR LE TITANE.

DE L'IMPRIMERIE DE J. J. PASCHOUD.

RECHERCHES
SUR LE TITANE,

ET

ANALYSES DE MINÉRAUX

OÙ SA PRÉSENCE N'ÉTOIT PAS SOUPÇONNÉE ;

PAR PESCHIER, Pharmacien,

Membre de plusieurs Sociétés savantes.

GENÈVE,

J. J. PASCHOUD, IMPRIMEUR-LIBRAIRE.

PARIS,

RUE DE SEINE, N.° 48, FAUBOURG SAINT-GERMAIN.

1825.

RECHERCHES

SUR LE TITANE,

ET

Analyses de Minéraux dans lesquels sa présence n'étoit pas soupçonnée.

La substance que GREGOR découvrit en 1791, dans un sable noir de la vallée de Menachan, dans le Cornouaille, et nomma Menachine; que KLAPROTH reconnut en 1795, dans le schorl rouge, puis, en 1796, dans le sable examiné par GREGOR, qu'il désigna dans son premier travail par le nom de *titane*, et à laquelle ces deux savans attribuèrent les caractères d'un métal, fut depuis lors le sujet des recherches de plusieurs chimistes distingués : mais les difficultés que son étude présente étoient loin d'être surmontées, quand en 1820 je la reconnus dans les Micas, et que, sans pouvoir soupçonner les écueils qui m'attendoient, je hasardai d'entreprendre de l'étudier à mon tour.

En Janvier 1823, je fis part à la Société de Physique et d'Histoire Naturelle de Genève, des principaux résultats de mes recherches; on ne connoissoit à cette époque que ceux qui avoient été fournis par l'étude de quelques propriétés de ce principe; mais, peu de mois après, les Annales de Gilbert, v. LXXiij, p. 67., publièrent les belles recherches d'Henri ROSE, qui portent le sceau du savant laboratoire où elles furent suivies.

Diverses causes ayant retardé la publication de ces résultats, j'ai mis à profit ce délai, pour les confirmer et les développer. Je tâcherai de réunir aujourd'hui, sous un même cadre, tout ce que la science offre d'intéressant et de positif à ce sujet, réclamant, sous beaucoup de rapports, l'indulgence des savans qui voudront bien parcourir ce mémoire.

PREMIÈRE PARTIE.

---

§. 1.

Analyse du Ruthile de St. Yrieix.

Le titane employé dans mes recherches fut extrait du Ruthile de St. Yrieix, près de Limoges. Ce minéral s'y présente dans un terrain d'alluvion, sous la forme de prismes droits, à base carrée, dont la plupart sont arrondis; il a une teinte brune, éclatante, une cassure feuilletée. Sa pesanteur spécifique est de 3,671 à 3,687. Exposé à l'action d'une vive chaleur, il n'éprouve pas de perte, et montre aisément au chalumeau la réaction du fer et du titane.

Les procédés suivis dans son analyse faisant en partie connoître, ses caractères, je crois devoir les donner en détail.

1.° Cent grains de Ruthile entretenus en fusion avec 6 fois leur poids de sous-carbonate de potasse, ont fourni une masse d'un vert sale, qui, délayée dans de l'eau, a déposé une substance couleur isabelle, laquelle lavée et désséchée pesoit 128 grains.

Les lavages saturés ont répandu une légère odeur hydro-sulfureuse, sont devenus louches, et par leur concentration, ont déposé une poudre grise, qui a blanchi par l'effet de la chaleur, a été reconnue pour titane, et a pesé 14 grains.

Traité ensuite par l'infusion gallique, avec une legère addition de solution alcaline, le liquide a fourni un précipité brun, qui lavé, desséché et rougi jusqu'à parfaite incinération des parties combustibles, a laissé un résidu blanc de titane, lequel, lavé et rougi, a pesé 3,75.

Le titane possédant la propriété de former des sels doubles avec tous les acides, et l'infusion gallique jouissant de celle de redissoudre le précipité qu'elle forme avec lui, surtout lors qu'elle est employée en excès et aidée de la chaleur, je portai des doutes sur la plénitude d'action de ce réactif dans cette dernière opération, et pour m'en assurer, j'évaporai à siccité les lavages dont j'avois retiré le titane indiqué; j'exposai leur produit à une vive chaleur, et après avoir dissous la masse saline dans de l'eau, il s'y déposa une substance blanche, insoluble dans les acides, qui lavée et séchée, prit en la faisant rougir une teinte citrine, qu'elle perdit par le refroidissement, ce qui confirma pleinement les soupçons que j'avois portés; elle pesoit 5 grains.

J'ai toujours reconnu depuis, que cette dernière opération ne devoit pas être négligée avec de tels minéraux, qu'elle pouvoit être répétée 3 à 4 fois, et qu'il étoit avantageux d'ajouter chaque fois de l'infusion gallique aux liquides.

Comme les tannates de titane se déposent lentement et sont exposés par là à se dissoudre en partie, il est bon de les jeter promptement sur un filtre.

2.° Les 128 grains insolubles, §. 1, soumis à l'action de l'acide hydrochlorique, ont fourni une dissolution jaunâtre, et laissé un résidu blanc, pesant 86. La dissolution traitée par l'hydrocyanate de potasse et de fer a donné un précipité d'un bleu trés-pur, dont le péroxide de fer provenant du ruthile pesoit 24,50; saturée ensuite exactement, concentrée et reprise avec l'infusion gallique, comme dans le précédent paragraphe, elle a fourni 0,5 de peroxide de fer, 0,25 de manganèse séparés du fer par l'acide benzoique, et 4,95 de titane.

3.° Les 86 grains ont exigé deux traitemens semblables par la potasse et l'acide hydrochlorique, pour être complètement dissous; il a été procédé avec les lavages alcalins comme sur le précédent; le titane a été précipité des dissolutions acides par l'infusion gallique, après que l'hydrocyanate de potasse avoit cessé d'agir sur elles; et lorsqu'elles n'ont plus fourni de précipité, elles ont été saturées, évaporées à siccité pour en retirer le titane qui s'y trouvoit encore combiné, et leurs produits soumis aux mêmes opérations que ceux des lavages alcalins, §. 1.

Les substances obtenues dans ces diverses opérations ont été 74,25 titane, 1 manganèse et 3 peroxide de fer.

En resumé, les 100 parties de ruthile ont fourni :

Titane,	101,95.
Peroxide de fer,	27,55.
Manganèse,	1,25.
Soufre,	une trace.
	130,75

Mais ces résultats présentant une augmentation en poids, analogue à celle qu'avoit obtenue KLAPROTH, dans ses analyses des fers titanés, je m'occupai d'en rechercher la cause; et ayant reconnu qu'elle étoit due à la combinaison du titane avec une certaine quantité d'eau et de potasse, que la proportion de ces principes étoit 0,19 de potasse, 0,12 d'eau, et 70,95 de titane, il en résulte que le ruthile de St Yrieix est composé de :

Titane,	70,95.
Peroxide de fer,	27,55.
Manganèse,	1,25.
Soufre,	une trace.
	99,75

Cette observation me fournit l'occasion de faire connoître, que si l'on entretient un minéral, à base de titane, à un degré de chaleur trop élevé et trop soutenu, pendant sa fusion avec la potasse, on augmente la combinaison du titane avec cet alcali, et on diminue la propriété qu'il acquiert dans cette opération, de devenir soluble dans l'acide hydrochlorique.

J'ajouterai qu'un minéral de ce genre présente une différence marquée dans la proportion des principes qui en font partie, d'après la marche suivie dans les opérations ; car si je me fusse servi de celle qu'a employée KLAPROTH dans quelques-unes de ses analyses des fers titanés (1), loin d'avoir retiré les 0,70,95 de titane qu'ont fourni les modifications apportées dans ses opérations, je n'aurois obtenu que 0,55 à 0,60 de titane.

On trouvera dans la seconde partie un moyen d'analyse, approprié aux minéraux plus composés que les fers titanés, mais qui peut aussi leur être appliqué.

Le titane employé dans les opérations subséquentes, avoit été retiré du produit de la combustion des tannates déposés dans les dissolutions où l'acide se trouvoit en excès; il étoit parfaitement blanc, et conséquemment jugé ne pas contenir de fer.

---

(1) *Beiträge zur chemischen Kentniss der Mineral Körper ;* vol. II. IV. V.

§. 2.

De l'oxidation du titane.

Les teintes bleues, rouges et blanches, sous lesquelles se présente le titane, ont été envisagées comme étant les signes caractéristiques de ses différens degrés d'oxidation; aucun auteur n'ayant fourni de développement à cet égard, je tâchai de m'en occuper; mais le point le plus difficile de ce travail, et sur lequel il falloit élever les fondemens, étoit la réduction de ce principe à l'état métallique; car, si l'on peut excepter les tentatives de LAUGIER, toutes les autres avoient été infructueuses.

Le titane ayant résisté à la plus vive chaleur des fourneaux, je jugeai que le potassium devoit avoir une action plus énergique; j'invitai mon savant collègue, M. le Professeur DUMAS, qui se trouvoit alors à Genève, à m'aider dans cette recherche; nous fîmes usage, à cet effet, de l'oxide de titane blanc, bien privé de fer; nous l'exposames d'abord à une très-vive chaleur, le laissames refroidir dans une atmosphère très-sèche, et eumes soin d'employer toujours une quantité surabondante de potassium; dès que le tube de verre dans lequel nous opérames fut chauffé, au moyen d'une lampe à l'esprit de vin, il se produisit une action vive, beaucoup de chaleur, en même temps qu'une émission de lumière et de gaz hydrogène, circonstance qui paroît démontrer que cet oxide retient de l'eau, après avoir été fortement rougi, et qui confirme l'une des causes énoncées de l'augmentation en poids des produits obtenus dans l'analyse du ruthile. Il resta dans le tube une scorie noirâtre, qui, jetée dans l'eau, y déposa une poudre d'un noir bleuâtre; lavée avec de l'eau mêlée d'acide hydrochlorique, jusqu'à ce qu'elle n'agisse plus sur les papiers d'épreuve, cette poudre conserve sa première apparence; humide, elle occupe, ainsi que la plupart des précipités de titane, un volume extraordinaire, qui se réduit considérablement par la dessication, et se présente, dans ce dernier cas, à l'état d'une poudre noire très-légère.

Quoique très-sèche en apparence, elle contient encore de l'eau, dont on peut la priver, sans lui faire éprouver de changement, en la chauffant au blanc dans un tube rempli de gaz hydrogène; il n'en est pas de même, si on la chauffe au rouge, avec le contact de l'air atmosphérique, ou celui du gaz oxigène, car dans l'un et l'autre cas, elle devient blanche et présente le phénomène propre au titane, d'avoir une teinte jaune serin, et de passer au blanc par le refroidissement, ce que LAUGIER avoit observé dans la calcination des oxalates de titane.

Si l'opération a lieu dans une cloche courbe, remplie d'oxigène, l'absorption varie de 3 à 5 en poids, pour 100 parties de cette matière.

Soumise à l'action d'un courant galvanique, elle n'en éprouve aucun effet; mais arrosée d'acide hydrochlorique, elle répand des vapeurs qui ont une odeur de phosphore, et ne change pas d'état.

Mêlée avec de l'huile de lin, et exposée pendant deux heures dans un creuset brasqué, à un feu de forge très-violent, elle reste la même.

Exposée à l'action des acides, elle n'éprouve aucun changement.

En sorte que, quoique ces faits ne coincident ni avec les résultats de LAUGIER, qui, dans ses essais sur la réduction du titane, crut devoir regarder comme réduits les mammelons couleur d'or qu'il avoit obtenus, ni avec ceux de HECHT et de VAUQUELIN ; cependant, puisque la base sur laquelle ils reposent, est fournie par l'un des plus puissans moyens que la chimie possède, et que le courant galvanique, autre moyen énergique, offre le même résultat, ainsi que nous le verrons plus loin, ces faits, dis-je, paroissent pouvoir s'expliquer en admettant que la poudre noire est le radical du titane, qui seroit analogue au bore ; qu'il n'y auroit que deux oxides connus, et que les opérations dans lesquelles on traite l'oxide par la potasse, n'auroient d'autre but que de le combiner avec elle et de l'eau, pour le rendre attaquable par les acides, d'où il résulte que nous aurions :

Titanium, poudre noire ;

Protoxide de tinanium, celui qu'on obtient avec une couleur purpurine par l'effet de la combustion ; dans la cathégorie duquel nous rangerions l'oxide couleur d'or qui se trouve dans les mines de Pesay, en Tarentaise (1);

Deutoxide de titanium, la poudre blanche, résultat de la calcination du titanium dans l'oxigène;

Et hydrate de titanium, la poudre blanche fournie par l'action de l'ammoniaque sur les dissolutions du titane.

Mais comme, depuis le moment où ce travail fut communiqué, le Dr WOLLASTON a fait connoître qu'il avoit découvert du titane à l'état métallique, dans les scories des forges de Merthyr Tydvil, dans le Pays de Galles, et que ROSE rapporte dans son travail sur le titane, qu'il est parvenu à obtenir un sulfure de ce principe; voyons s'il est possible d'expliquer la for-

---

(1) Je dois à la bonté de M. de Rosenberg, directeur des mines de la Tarentaise, d'avoir pu examiner cet oxide; il se présente dans le fer carbonaté des mines de Pesay, sous la forme de cristaux prismatiques soyeux; rarement on le trouve pur, mais ayant découvert dans la chaux carbonatée qui forme la majeure partie de la base de ces roches, une géode, où ces cristaux étoient privés de tout mélange ferrugineux, j'ai reconnu qu'ils n'étoient composés que d'oxide de titane.

mation de ces deux produits, en envisageant toujours le titane comme une substance non métallique.

Le titane, sous l'état métallique, découvert par le D.r Wollaston, dont ce savant a eu la bonté de m'adresser quelques cristaux, a une forme cubique, la couleur de l'or; les 20 cristaux que je reçus pesoient ensemble 0,45 de grain; leur éclat et leur dureté me parurent, au premier abord, ne pouvoir faire douter qu'ils ne fussent formés de titane pur, et qu'ils ne présentassent une opposition directe à mes résultats; mais ayant reconnu le fer et le titane, dans la dissolution par l'acide hydro chlorique où j'en avois exposé 5, qui paroissoient privés de corps étranger, et ayant encore séparé ces deux principes des parties qui avoient résisté à l'action de l'acide et de celles que la potasse avoit rendu dissolubles, je crus devoir considérer ces cristaux, ou comme formant une combinaison analogue aux fers titanés, dans laquelle le fer se trouvoit en moindre proportion; ou comme étant une preuve que, si le titane est une substance métallique, il ne peut être amené à l'état de réduction, que dans des circonstances très-rares et bien difficiles à concevoir; car, il n'a pas été encore observé que, lorsqu'il est exposé à une vive chaleur, dans un état de grande division, comme il devoit se rencontrer dans ces scories, il se volatilise, en répandant une lueur violette très-belle, que je regarde comme un protoxide; or, comme c'est à l'état de vapeurs que nous devons supposer qu'il s'échappe dans les scories, ce ne seroit, ce me semble, qu'en se combinant alors avec les vapeurs du charbon, et en emportant quelques molécules de fer, qu'il pourroit passer à l'état métallique.

Je communiquai dans le temps partie de ces observations au célèbre D.r, et il a fait connoître depuis lors, Vol. XXV, Ann. de chimie et de physique, pag. 421, qu'ayant porté une attention plus scrupuleuse dans l'examen des cristaux qu'il envisageoit pour du titane pur, il avoit reconnu que ceux qu'il avoit jugé ne plus devoir être sensibles à l'action de l'aimant, parce qu'il les avoit débarrassés des particules ferrugineuses qui y adhéroient, continuoient à l'être très-foiblement, par l'effet de quelques légères portions de fer qui s'y trouvoient alliées, et qu'il estimoit, d'après la comparaison des forces magnétiques, qu'une proportion de $\frac{1}{250}$ de fer pouvoit rendre le titane attirable, sans qu'on pût le regarder comme une substance magnétique ; ce qui caractérise, selon moi, une combinaison dans laquelle l'un ou l'autre des principes pourroit jouer le rôle de minéralisateur.

Nous savons que FARADAY n'a pu parvenir à allier ces deux corps ensemble; cependant cet alliage s'obtient sous la forme de paillettes brillantes, ou en masse, en entretenant à une très-vive chaleur des hydrochlorates de fer et de titane ; évaporés à consistance sirupeuse, mêlés avec 24 fois environ le poids de leur produit d'hydrochlorate de soude, délayant la masse saline dans de l'eau et séparant par un filtre cette combinaison, elle a une teinte violette comme le ruthile et se conduit chimiquement comme lui.

ROSE jugeant que les résultats obtenus par divers chimistes, dans la réduction du titane, n'avoient laissé entrevoir que des carbures, suivit aussi une marche différente ; il exposa dans un tube de verre, fermé à l'une de ses extrémités et tiré en pointe à l'autre, un mélange d'oxide de titane et de limaille de zinc très-pur ; il entoura d'une couche épaisse de coupeaux de zinc la partie où se trouvoit ce mélange, plaça ce tube dans un bain de sable, éleva la température jusqu'à ce que le zinc contenu dans le mélange se fût sublimé, jeta le résidu dans de l'acide hydrochlorique, et obtint une poudre noire, insoluble, qui n'avoit aucun aspect métallique. Desséchée fortement, elle eut le même poids que l'oxide employé, elle résista à l'action de l'acide nitro-hydrochlorique, devint blanche en la rougissant, sans augmenter de poids, et lui parut ne différer de l'oxide blanc, que par sa teinte, sans qu'il pût en reconnoître la cause, ce qui la lui fit envisager, d'après BERZELIUS, comme analogue à l'acide de Wolfram, retiré de sa combinaison avec l'ammoniaque, qui, exposé dans une cornue à une forte chaleur, prend une teinte bleu foncé, et qui rougi en vase ouvert, devient jaune, sans augmenter de poids.

Peu satisfait de ces résultats, il chercha à combiner le titane avec le soufre, et après nombre d'essais infructueux, il atteignit son but à l'aide du sulfure de carbone; le produit étoit d'un vert foncé; frotté avec un corps dur, il prenoit de l'éclat et la teinte du laiton; chauffé à feu nu, il brûloit avec une flamme bleue, et à mesure qu'il devenoit rouge, passoit à l'état d'une poudre blanche; enfin, il reconnut que l'oxide blanc de titane étoit composé de 0,30,95 d'oxigène.

Si l'on compare maintenant les différences contradictoires que présentent ces résultats, savoir, la parfaite analogie de ceux qui sont fournis par le potassium, le courant galvanique et le zinc, et la combinaison du soufre avec le titane, on ne peut s'empêcher de penser, qu'il est prudent de suspendre pour le moment tout jugement sur la nature du titane, et d'attendre de la réussite de nouvelles expériences, ce qui jusqu'à présent ne répond point aux lois de la chimie, et paroît couvert d'un voile très-épais.

§. 3.

De l'acidification du titane.

La propriété de se combiner avec la potasse, qu'a présenté le titane, étant de nature à faire soupçonner qu'il la devoit à celle de jouer le rôle d'un acide, j'entretins en ébullition, pendant quelques heures, dans de l'eau distillée, 3 à 4 onces de ruthile porphyrisé; je laissai le liquide en repos pendant quelques jours; comme il restoit louche même après avoir été filtré par plusieurs doubles de papier chassis, je le concentrai, et tout en déposant une poudre grise, il conserva une teinte jaunâtre, et s'éclaircit.

Evaporé à deux dragmes environ, ce liquide a montré une saveur foible, désagréable, et décoloré le papier bleu de tournesol, sans le rougir; porté à un degré plus grand de concentration, à l'aide d'une douce chaleur, il a abandonné une substance pulvérulente, couleur isabelle foncé, soluble en grande partie dans l'alcool, et n'a laissé apercevoir aucune disposition à cristalliser. Jeté sur les dissolutions de fer, de cuivre, de plomb et de mercure, il a occasionné lentement des précipités, n'a agi qu'après plusieurs heures sur le nitrate d'argent, et n'a fait éprouver aucun changement aux sels d'or, de platine, de zinc, de manganèse, de chrôme, de chaux, de magnésie, de baryte, de strontiane et d'alumine.

Sa capacité de saturation est très-foible. Il forme avec la potasse un sel cubique, permanent à l'air, et avec la soude, un sel rhomboïdal, légèrement déliquescent; combinaisons qui deviennent solubles dans l'alcool, si l'une ou l'autre des bases y prédomine, et dont il sera fait mention plus bas.

Ces résultats faisant connoître que la substance désignée par le nom d'*oxide de titane* possède les propriétés d'un acide, il me parut convenable de lui donner celui d'*acide titaneux*, dénomination dont je me servirai dans le cours de cet ouvrage.

Engagé par cette découverte à rechercher s'il seroit possible de porter cet acide à un degré d'oxidation supérieur, je reconnus après plusieurs essais, que l'on atteint ce but, en distillant à siccité 8 a 10 parties d'acide nitrique, sur une d'acide titaneux, soit d'oxide blanc de titane, étendant le résidu d'eau, séparant les parties insolubles par le filtre, évaporant le liquide à siccité, et exposant son produit à une vive chaleur, convenablement entretenue.

Mais comme nous avons vu que cet oxide reste toujours combiné avec une partie de la base alcaline, employée dans la première opération, il en résulte que pour mettre à nu l'acide qui se trouve combiné avec elle, il faut traiter par l'acide sulfurique la dissolution dans l'eau du produit, en chasser par la chaleur l'acide sulfurique surabondant, exposer le résidu à l'action de l'alcool, pour dissoudre l'acide formé, et concentrer le liquide.

On parvient au même but en soumettant à un degré de chaleur élevé et entretenu convenablement, de l'oxide de titane et du nitrate de potasse, ou des nitrates de titane et de potasse, lavant les produits, et procédant à la séparation de la potasse selon la manière indiquée.

L'acide ainsi obtenu possède les propriétés suivantes : il rougit le papier bleu de tournesol, laisse dans la bouche une saveur métallique très-désagréable ; il n'a pas d'action sur les sels métalliques et terreux ; soumis au courant galvanique, il répand des vapeurs qui ont une odeur de phosphore, et dépose au pôle négatif une substance noire, de même nature que celle qu'on obtient avec le potassium ; évaporé à cristallisation, il se présente sous la forme de prismes aciculaires. Combiné avec les sous-carbonates de potasse et de soude, il donne des couches salines amorphes, qui sont insolubles dans l'alcool; mais qui y deviennent solubles, et affectent la forme d'un prisme droit à base carrée, avec le premier, et celle d'un prisme droit à base rhombe, avec le second, lorsque l'acide s'y rencontre en excès. Comme il présente, d'après cela, tous les caractères d'un acide différent du précédent, et dont la différence ne peut être attribuée qu'à l'augmentation de l'oxigène, je le désignerai sous le nom d'*acide titanique*.

Nous avons observé que l'acide titaneux se combine avec la potasse dans l'acte de la fusion, que les derniers lavages sur le produit de cette opération fournissent un titanite de potasse avec excès de base, et que le résidu insoluble, quelque bien lavé qu'il soit, laisse aussi reconnoître la présence de cet alcali; nous devons donc regarder ce dernier produit comme un titanite de potasse avec excès d'acide.

Jetons un coup-d'œil sur ces différentes combinaisons.

Le titanite de potasse avec excès de base

se présente sous la forme de rhomboïdes aigus; il est permanent à l'air; il a une teinte brune dans la première cristallisation; mais comme, sans changer de nature, il abandonne une certaine quantité d'acide titaneux sous forme pulvérulente brune à chaque nouvelle dissolution, on peut l'obtenir parfaitement incolore. Soumis à l'action de l'alcool, il se dissout en partie, et la dissolution dans laquelle l'alcali prédomine fournit des parallélipipèdes obliquangles, en abandonnant aussi de l'acide titaneux. La partie insoluble dans l'alcool ramène au bleu le papier de tournesol rougi, et reprend par l'évaporation la forme qu'elle avoit avant cette opération.

Ces sels supportent la chaleur de l'eau bouillante, sans éprouver de perte en poids, et sans se décomposer; traités avec l'acide hydrochlorique étendu, ils laissent dégager de l'acide carbonique, et montrent par là qu'ils sont composés des acides titaneux et carbonique, et de potasse.

Leur base examinée sous le rapport de sa proportion, a été reconnue de 47,40 dans le titanite de potasse avec excès de base, retiré des derniers lavages de la fusion du ruthile avec ce principe; et de 43,30 dans le sel soluble dans l'alcool; mais le peu de capacité de saturation de l'acide titaneux, jointe à la grande quantité de sous-carbonate de potasse libre, doivent rendre ces proportions variables.

Si l'état de siccité où cette combinaison se conserve à l'air, présente un fait intéressant et nouveau, la propriété qu'elle possède, de rendre soluble dans l'alcool, le sous-carbonate de potasse, uni à une petite quantité d'acide titaneux, n'est pas moins très-frappante.

Le titanite de soude avec excès de base prend la forme de prismes aciculaires, réunis en faisceaux; il est habituellement moins coloré que celui de potasse, et se décolore complètement par des dissolutions répétées.

L'alcool n'en dissout qu'une très-petite quantité, où la soude ne prédomine pas; le produit de l'évaporation est une couche brune déliquescente, dans laquelle se distinguent des cubes incolores et permanens.

Ce titanite renferme aussi de l'acide carbonique; et se trouve composé de soude 35,40, acides titaneux, carbonique et eau 64,60. Celui qui est soluble dans l'alcool a paru formé de 15,18 de soude et 84,82 d'acide titaneux et d'eau.

Le résidu insoluble dans les lavages de la fusion du titane avec la soude ou la potasse, offre toujours une combinaison de titanite de soude ou de potasse avec excès d'acide, dont l'affinité résiste fortement à l'action des acides.

Ces sels, qui, d'après le nombre et la nature des lavages, doivent constamment varier, ont été reconnus par Rose, et examinés à l'état sec, ils lui ont fourni, l'un :

Acide titanique, que j'appellerai *titaneux*,	83,15.
Soude,	16,85.
	100

Et l'autre :

Acide titanique soit titaneux	81,99.
Potasse,	18,01.
	100.

Après avoir été en contact avec l'acide hydrochlorique concentré, il les a trouvé composés de :

Acide titanique,	96,20.
Soude,	3,80.
	100.
Acide titanique,	91,30.
Potasse,	8,70.
	100.

§. 4.

Des sels à base de titane.

L'action des acides sur le titane fut, dès l'époque de sa découverte, le sujet des observations de plusieurs savans; mais ne connoissant pas la propriété que ce principe possède, de rester intimément uni avec une portion de l'alcali employé dans les premières opérations, ils envisagèrent comme résultats de sa combinaison avec un acide, des produits qui n'étoient que des sels doubles, qui avoient conservé la forme régulière du sel dont la soude ou la potasse étoit la base. Pour avoir des combinaisons de titane très-pures, et pouvoir juger exactement de l'état sous lequel elles se présentent, il faut les préparer avec l'hydrate de titane obtenu de la manière suivante; car, contre l'opinion émise, je ne peux m'empêcher de regarder comme de véritables combinaisons, les dissolutions de titane dans un acide, et de les trouver analogues à celles que nous offrent les sels à base d'antimoine, d'arsenic, de manganèse, d'alumine et autres.

On obtient l'hydrate de titane pur, en privant d'abord le titane de toute substance étrangère, le précipitant par l'ammoniaque de sa dissolution dans l'acide hydrochlorique, en évitant de la saturer complètement, car en le faisant, l'hydrate emporte toujours avec lui quelques traces de la base alcaline avec laquelle il étoit combiné, et fournit des résultats inexacts.

Les acides sulfurique, nitrique et hydrochlorique dissolvent promptement à froid cet hydrate humide; mais lorsqu'il est desséché, ils ne le dissolvent qu'avec peine; la chaleur augmente leur action. Ces acides forment en même temps un sel avec excès de base, qui est insoluble, et un avec excès d'acide, qui est soluble; un degré de chaleur trop élevé, ainsi que trop soutenu, donne lieu à une plus grande quantité du premier de ces sels.

Leurs dissolutions évaporées à une douce chaleur fournissent des masses gélatineuses transparentes, qui présentent quelque différence entre elles.

La gelée produite par le sulfate se garnit quelquefois de prismes aciculaires, courts, qui, ainsi que la gelée qui les enveloppe, sont très-déliquescens.

Celle du nitrate est, comme la précédente, incolore; mais outre qu'elle est permanente à l'air, elle ne se dissout que difficilement dans l'eau chaude: quelque basse que soit la température à laquelle se fait son évaporation, on voit toujours une petite portion de sous-nitrate insoluble occuper les bords ou le fond du liquide.

Quoique la dissolution de l'hydrochlorate de titane étendue d'eau, soit incolore, elle prend toujours par la concentration une teinte jaunâtre, que la gelée conserve; celle-ci ne perd point sa transparence par le desséchement, et loin d'être déliquescente, elle a assez de tenacité pour ne pouvoir se dissoudre que dans une eau acidulée, entretenue long-temps en ébullition.

Le sous-carbonate de titane dissous dans l'acide nitrique a fourni des prismes aciculaires, très-déliés, au milieu desquels s'en trouvoient de plus gros et moins longs, qui avoient la forme d'un quadrilatère à pans régulièrement inégaux, terminés par des pyramides dièdres.

La singularité de leur forme faisant craindre qu'elle ne fût due à la présence de la potasse ou de quelque substance étrangère, ils furent examinés avec beaucoup de soins; mais les effets obtenus, tant dans leur exposion sur les charbons ardens, que par l'hydrochlorate de platine, et l'acide tartrique, n'ayant fait reconnoître ni cet alcali, ni aucune autre substance, il paroît que cette combinaison devoit sa forme à l'état d'oxidation où se trouvoit le titane dans son union avec l'acide carbonique, d'autant mieux que le même sous-carbonate dissous dans l'acide hydrochlorique a fourni de petits cubes microscopiques, qui ont attiré foiblement l'humidité, et que l'hydrate rougi a donné des couches cristallines au lieu de produits gélatineux, avec les acides nitrique et hydrochlorique.

Des trois acides désignés, l'hydrochlorique est celui qui dissout le plus abondamment le titanite acide de potasse; mais son action devient presque nulle, si ce sel a été préalablement exposé à une vive chaleur, et lorsqu'il cesse d'agir, l'addition de l'acide nitrique et du sucre ne lui rendent pas sa propriété.

L'acide oxalique ne marche pas seulement de pair avec lui, mais il le surpasse, car il dissout une partie des résidus de l'hydrate ou du titanite acide de potasse qui lui ont résisté.

Sa dissolution saturée donne par l'évaporation une masse cristalline visqueuse; si l'acide s'y trouve en excès, elle prend la forme de prismes à quatre faces terminés par des pyramides dièdres.

Nous reviendrons sur ses propriétés relatives au titane, à l'article des réactifs.

L'acide phosphorique précipite en blanc les sels de titane, mais employé en excès, il redissout ce précipité, et donne par le produit de l'évaporation, une masse gélatineuse, qui attire l'humidité.

Les acides arsenique et tartrique se conduisent de la même manière que le phosphorique. Cependant il est bon d'observer, que ces trois acides n'occasionnent de précipité, que sur les dissolutions de titane à peu près neutralisées, et que ces sels, qui sont toujours avec excès de base, rougissent le papier de tournesol.

Si l'on présente à un courant de gaz acide carbonique, ou à de l'eau qui en soit fortement chargée, le précipité formé par les sous-carbonates alcalins sur les dissolutions acides de titane, il se dissout et fournit par l'évaporation du liquide des cubes transparens, qui restent permanens à l'air; d'où il résulte que le titane se combine en proportions différentes avec cet acide, ensorte que nous désignerons par le nom de *sous-carbonate*, le précipité fourni par les sous-carbonates alcalins, et par celui de *carbonate*, le produit de sa dissolution dans l'acide carbonique.

Les ayant examinés, j'ai trouvé le premier composé de:

20,50	Acide carbonique.
79,50	Oxide de titane.
100	Sous-carbonate.

Et le second de:

35,80	Acide carbonique.
64,20	Oxide de titane.
100	Carbonate.

ce qui confirme combien la capacité de saturation de cet oxide est foible.

L'acide acétique dissout promptement l'hydrate de titane humide, et fournit par l'évaporation un produit gélatineux très-déliquescent.

Mais si la propriété de former des sels, qui avec un excès de potasse restent secs à l'air, caractérise le titane, celle d'en fournir un de cette nature avec l'acide acétique, comme je l'ai obtenu, l'emporte encore sur la première.

Cette combinaison s'est formée sous mes yeux avec du sous-carbonate de titane, dans lequel je n'avois pas cherché à reconnoître la présence de cet alcali; elle avoit séjourné plusieurs jours sur ma table à l'état de gelée, sans éprouver de changement; l'ayant évaporée davantage, et par une cause étrangère, ayant suspendu l'opération et mis la capsule de côté, peu de jours après, je la trouvai disposée en rayons prismatiques, formés d'une réunion de prismes courts, rangés en trémie, qu'il étoit impossible de déterminer et qui se sont conservés secs à l'air.

L'acétate de titane avec une légère addition de soude donne par contre une masse cristalline, qui est déliquescente, ainsi que tous les sels de titane et de soude le sont.

L'acide gallique aidé de la chaleur forme avec le sous-carbonate fraîchement précipité un gallate avec excès de base insoluble, coloré en brun; et fournit par l'évaporation un gallate de même teinte.

Le tannin partage avec lui la propriété de précipiter les dissolutions acides de titane en rouge-orangé, et de redissoudre le tannate, si on l'emploie en excès.

L'acide hydrocyanique dissout une petite portion de sous-carbonate humide, prend une teinte jaunâtre, dépose par une évaporation lente, sous une basse température, une poudre isabelle, qui est un oxide de titane, et donne de petits cristaux prismatiques, qui, soumis à une très-douce chaleur, présentent une ignition sensible, et laissent aussi un résidu couleur isabelle.

Les dissolutions du sous-carbonate et de l'hydrate de titane dans l'acide benzoïque, fournissent des cristaux prismatiques, qui sont efflorescens, et par l'évaporation à siccité des liquides, à l'air libre, laissent une couche blanche, qui adhére fortement au vase, et qui a l'éclat de l'émail.

§. 5.

Action des réactifs sur le titane, et moyens de le séparer des principales substances avec lesquelles il se trouve combiné.

Lorsque je découvris le titane dans certains minéraux où sa présence étoit méconnue, et que, pour en déterminer les proportions, je voulus faire usage des procédés indiqués comme propres à le séparer des principes avec lesquels il s'y trouvoit combiné, je fus surpris de voir combien l'étude de l'action que les réactifs exercent sur lui étoit incomplète et inexacte; mais j'ai bien cessé de l'être depuis que l'expérience m'a fait connoître la multitude de difficultés dont elle est hérissée, et surtout la facilité avec laquelle on peut déduire de fausses conséquences, des résultats fournis par le titane provenant de minéraux qui n'appartiennent pas au genre des fers titanés.

a. Les alcalis purs et carbonatés sont

simplement indiqués comme précipitant le titane de ses dissolutions acides sous la forme de flocons blancs; mais ce qui ne peut être passé sous silence, c'est qu'ils n'ont sur elles qu'une action partielle, parce que, comme l'avoit observé KLAPROTH, ils donnent naissance à des sels doubles dissolubles, qui sont d'autant plus sujets à jeter dans l'erreur ceux qui l'ignorent, qu'ils conservent leur forme primitive, ainsi que je l'ai reconnu.

A cette propriété se joignent, pour la soude ou la potasse caustique, celle de dissoudre à l'aide de l'ébullition les hydrates et sous-carbonates de titane; et pour les bicarbonates, celle de retenir une plus grande quantité de titane en dissolution que les sous-carbonates, en vertu de sa dissolubilité dans l'acide carbonique.

b. Quoiqu'il ait été indiqué que l'acide oxalique étoit l'un des principaux dissolvans du titane, cet acide et ses sels formant avec lui un sel insoluble, fournissent aussi un moyen de le séparer du fer; mais comme ils en laissent toujours une grande partie en dissolution, on doit plutôt les envisager comme propres à l'obtenir pur, que comme susceptibles d'être employés dans des recherches analytiques.

c. L'action que l'hydrocyanate de potasse et de fer exerce sur les sels de titane est si peu uniforme, qu'il m'a paru nécessaire d'entrer dans quelques détails.

Jeté sur une dissolution acide de fer et de titane, ce réactif occasionne d'abord un précipité bleu, qui est un cyanure de fer très-pur; mais comme on ne peut priver un tel liquide, dans une première opération, de tout le fer qu'il contient, ce réactif fournit pour l'ordinaire, dans une seconde ou une troisième, un précipité bleu verdâtre foncé, qui est un mélange de cyanure de fer et de titane; puis s'il en a été employé une quantité suffisante pour emporter tout le fer, on obtient *assez généralement* un précipité rouge, qui passe au vert, ou un précipité vert de mousse, qui, soumis à l'action de l'ammoniaque, devient brun jaunâtre et blanc, lorsqu'il est entièrement privé de fer, mais qui dans le cas contraire reste jaunâtre.

Il arrive quelquefois cependant, qu'il ne fournit pas ces derniers précipités; aussi est-ce sur cette nullité inexplicable d'action, que repose la propriété mentionnée dans l'extrait de mes recherches sur le titane (1), *qu'il n'avoit aucune action sur les sels de titane, et offroit un moyen sûr de les priver du fer.* Voici le fait :

L'hydrocyanate dont je me servis, dans les premières années de mes recherches à ce sujet, étoit très-pur, régulièrement cristallisé ; il se conduisoit avec divers sels comme j'avois lieu de l'attendre, fournissoit d'abord un cyanure bleu sur les dissolutions de fer et de titane ; en donnoit ensuite un bleu verdâtre foncé, en emportant quelques traces de titane avec les dernières portions de fer, et cessoit complètement d'agir sur elles, lorsqu'il n'y rencontroit plus ce dernier principe.

Surpris du peu d'uniformité qui régnoit entre mes résultats et ceux que je croyois obtenir, je me procurai divers échantillons de ce sel, et n'ayant aperçu aucune différence dans leur action, je croyois pouvoir affirmer, que ce réactif n'en avoit aucune sur les sels de titane : mais ce qui confirme cette irrégularité d'action, c'est que celui

---

(1) Bibliothèque Universelle, 1824.

que je possède depuis un an, qui ne diffère point en apparence des précédens, occasionne sur les dissolutions acides du même ruthile tous les précipités indiqués en tête de cet article, et n'a, ainsi que le premier, aucune action sur les dissolutions du titane contenu dans les minéraux qui font le sujet de la seconde partie ; d'où il résulte, ce me semble, que ces changemens d'action proviennent ou de la composition de l'hydrocyanate ou de la nature même du titane.

Mais avant de traiter ce second point, je dirai : que le passage de rouge au vert, observé dans le cyanure de titane, et celui du vert au blanc, occasionné par l'effet de l'ammoniaque prouvent, que la teinte verte de ce cyanure, ne doit pas mieux être prise pour indice de la présence du fer, que la rouge ne caractérise un cyanure de titane qui en soit exempt ; car j'ai obtenu un précipité rouge briqueté, qui est successivement passé au vert, sur une dissolution d'hydrochlorate de titane très-pur, qui étoit modérément étendue ; un dit, qui n'est passé au vert qu'après plusieurs jours, pour l'avoir étendue davantage ; et enfin un rouge, qui a conservé sa teinte, sur l'hydrochlorate du titane découvert dans la couche blanche de la macle de Bretagne, qui contenoit un peu de fer.

Existe-t-il une différence dans la nature du titane répandu dans le règne minéral ? Quelque difficile à concevoir que puisse être cette supposition, mes résultats sembleroient l'attester : car, à quelle autre cause, je le demande, pourroit-on attribuer que le même hydrocyanate de potasse occasionne un précipité rouge briqueté sur l'hydrochlorate du titane provenant du ruthile, et n'en produise aucun sur une dissolution dans le même acide du titane retiré des micas, des talcs, des stéatites, etc.; que ces différens hydrochlorates fournissent par l'évaporation une gelée jaunâtre, permanente, parfaitement identique; que le titane qui en forme les bases donne les mêmes résultats avec l'hydrosulfure d'ammoniaque et nombre d'autres réactifs, et que l'oxide du titane des minéraux désignés ne prenne qu'une teinte citrine très-foible par la chaleur, ou n'en prenne point, tandis que celui du ruthile la prend constamment.

Je laisse à des juges plus instruits que moi à décider ces questions, et m'estimerai heureux, si, en les présentant, je peux avoir mis au jour les causes jusque là obscures de la diversité des résultats obtenus sur un principe peu connu.

d. L'infusion gallique présente aussi une différence d'action sur les sels acides de titane, fondée sur le genre du minéral dont ce principe a été retiré.

S'il provient des fers titanés, elle occasionne sur eux un précipité rouge orangé abondant, semblable à l'hydrosulfate sulfuré d'antimoine orangé (soufre doré d'antimoine); s'il résulte de l'analyse des micas, des talcs, ou des chlorites, etc., quelque concentrée que soit la dissolution acide, cette infusion ne fournit qu'un précipité jaunâtre, souvent même verdâtre, et peu abondant.

Mais comme l'un et l'autre de ces liquides retiennent une certaine quantité d'hydrochlorate et de tannate de titane en dissolution, on décompose en grande partie le premier, et on augmente la précipitation du second, en supersaturant légèrement l'acide, et ajoutant une petite quantité du réactif ; alors le précipité qui se forme est brun, la partie qui s'en dissout donne au liquide une teinte de sang, surtout à l'aide de l'ébullition, et lui-même prend la couleur chocolat.

Les teintes que présentent les tannates de titane semblent avoir pour cause l'état d'oxidation où ce principe se trouve, car voici la marche qu'elles suivent en général.

La première qu'on obtient d'une dissolution acide est le rouge orangé ; si après avoir séparé le premier précipité, on sature une partie de l'acide préexistant dans le liquide, et qu'on y jette une nouvelle dose du réactif, il s'y dépose un précipité violet foncé ; si on le supersature ensuite légèrement et qu'on traite de nouveau le liquide avec cette infusion, elle en fournit un vert olive, qui lavé à l'eau chaude éprouve la dissolution du précipité formé sur le réactif lui-même, et laisse pour résidu un tannate de titane couleur chocolat.

La présence du fer dans le liquide rend ces précipités plus ou moins foncés, souvent même très-violets, et se reconnoît promptement par la teinte qu'elle donne au produit de leur combustion ; celle du manganèse ne se décèle que dans le dernier cas.

Exposés à une chaleur capable d'en détruire toute substance combustible, les tannates de titane purs fournissent des produits blancs, qui ne diffèrent, sous le rapport de leur poids, que dans une plus ou moins grande proportion de la potasse qui s'y trouve, que des lavages acidulés leur enlèvent en grande partie.

e. Au nombre des moyens indiqués pour séparer le fer du titane, se trouvent encore la sublimation du fer à l'aide de l'hydrochlorate d'ammoniaque, et l'hydrogène sulfuré; mais si le savant auteur qui les employa, et qui regarda surtout le premier comme bon, eût versé de l'infusion gallique sur la dissolution dans l'eau du sel sublimé, après l'avoir privée de fer par l'ammoniaque, il auroit reconnu que le titane possède, comme le fer, la propriété de se sublimer à l'aide de l'hydrochlorate d'ammoniaque, et que, par conséquent, ce procédé ne pouvoit être mis en usage. Quant au second, quoique ce gaz n'agisse pas sur les sels de titane, il décompose ceux de fer sous des conditions si difficiles à saisir, qu'il ne peut être mis sur les rangs.

Mais les moyens qui peuvent être employés avec avantage, sauf dans un travail analytique, sont : 1.° celui d'HERSCHELL, qui consiste à traiter jusqu'à supersaturation, par le carbonate d'ammoniaque, la dissolution nitrique suroxidée et bouillante du fer et d'un métal sur lequel l'hydrogène sulfuré n'a pas d'action, dont le fer se précipite et où le titane reste dissous ; 2.° celui de ROSE, soit l'exposition dans l'hydrosulfure d'ammoniaque d'un précipité humide de fer et de titane, et la décomposition par l'acide hydrochlorique des sulfures formés, dans laquelle l'oxide de titane reste insoluble.

f. Je ne terminerai pas cet article, sans dire un mot de l'étonnante analogie que le titane possède avec l'alumine, tant sous le rapport des caractères extérieurs de plusieurs de leurs produits, que sous celui de l'action de certains réactifs.

Les dissolutions d'alumine sont, comme celles de titane, précipitées en blanc par les alcalis purs et carbonatés ; leurs produits se présentent sous la forme de flocons, se déposent et se dessèchent très-lentement, acquièrent une demi-transparence dans cette dernière opération, et trompent par leur ressemblance l'œil le plus expérimenté. Ils sont dissolubles dans la potasse, à l'aide de l'ébullition; avec cette différence, il est vrai, que les précipités de titane en exigent une plus grande quantité que ceux d'alumine; mais quelque soit cette différence, on comprend cependant qu'il est impossible d'éviter qu'une certaine portion de titane ne se dissolve avec l'alumine, lorsque ces deux principes sont en même temps soumis à l'action de la potasse; or, il étoit d'après cela important de reconnoître si l'hydrochlorate d'ammoniaque, qui est employé à précipiter l'alumine de ce genre de dissolutions, agissoit de la même manière sur le titane, et l'expérience ayant confirmé que son action étoit absolument la même sur ces deux principes, on conçoit quels sont les doutes que l'on doit porter sur les proportions d'alumine accusées, dans un minéral où existe le titane, qu'on n'y supposoit pas. Aussi dès que je reconnus cette source d'erreurs, je m'occupai de la recherche d'un réactif qui eût la propriété de précipiter l'un de ces principes et de laisser l'autre en dissolution, et je découvris que le sulfate d'ammoniaque possédoit celle de ne précipiter que l'alumine, ensorte que par son emploi, et ensuite par celui de l'hydrochlorate d'ammoniaque ou de l'infusion gallique, on parvient à les obtenir séparément très-purs, et à éviter toute erreur à leur égard.

g. Comme la silice, la magnésie et la chaux demandent un système particulier d'opérations, pour les séparer entièrement du titane, nous renvoyons le lecteur à la marche analytique des minéraux à base de titane, placée en tête de la 2.de partie.

SECONDE PARTIE.

Analyses de minéraux à base de titane.

A la lecture du titre de cette seconde partie je crois voir le minéralogiste et le chimiste se refuser à la parcourir, parce qu'à l'exception de l'anatase, de l'oxide de titane de Pesay en Maurienne, des fers titanés et du sphêne, aucun minéral n'a, jusqu'à présent, offert le titane dans sa composition, et que si je l'ai découvert dans les micas, l'on a cru reconnoître de l'exagération dans la quantité que j'avois accusée.

Cependant, si l'on peut admettre sans peine les résultats de recherches qui se présentent rarement, lorsqu'ils sont fournis par un savant distingué, pourquoi ne prêteroit-on pas plus tard une oreille attentive à celui qui produiroit une réunion de preuves, pour démontrer que ces résultats n'étoient pas exacts? C'est avec une telle disposition d'esprit que j'invite le lecteur à poursuivre;

et comme je présente un grand nombre de résultats à l'appui des faits que j'avance, j'espère trouver des juges qui se rendront à l'évidence.

L'analyse de quelques variétés de micas fut, en 1820, le but de mes premiers travaux; le caractère de nouveauté que présentèrent leurs résultats, m'engagea fortement à poursuivre ces recherches, et, je l'avoue, me fit persister à lutter contre l'opinion reçue.

Quoique le titane eût été reconnu dans le sphêne et les fers titanés, ses rapports avec diverses substances universellement répandues, et les moyens de l'en séparer, étoient en grande partie ignorés, et seroient peut-être long-temps encore restés tels, si je n'eusse beaucoup multiplié mes analyses et ne me fusse opiniâtrement attaché à découvrir les causes d'anomalie qu'elles présentent.

Jugeant que je suis enfin parvenu à indiquer la marche à suivre dans l'analyse d'un minéral à base de titane, et désirant mettre le chimiste en état d'apprécier la valeur de cette marche, j'en donnerai d'abord la description, et ferai connoître, au fur et à mesure, les occasions où les résultats s'en sont écartés.

§. 1.

Opérations à suivre dans l'analyse d'un minéral à base de titane et de divers autres principes.

a. Pour séparer le titane des substances avec lesquelles il se trouve fréquemment combiné (1), on traite le minéral porphyrisé avec deux parties de potasse ; si, après avoir été convenablement entretenue à l'état incandescent, la masse ne paroît pas entrer en fusion, on retire le vase du feu ; dans le cas contraire, on attend qu'elle y soit entrée ; lorsqu'elle est refroidie, on étend son produit dans de l'eau, on jete le tout sur un filtre, et on lave les parties insolubles, jusqu'à ce que le liquide n'ait plus d'action sur les papiers d'épreuve.

---

(1) La différence d'action de l'hydrocyanate de potasse sur le titane, d'après le minéral dont celui-ci provient, nécessite une autre marche avec les fers titanés.

Ces lavages retenant toujours de la silice et du titane en dissolution, on obtient ces subtances séparément, en les supersaturant, les évaporant à consistance saline humide, délayant leur produit dans de l'eau, et le recevant sur un filtre, où la silice se dépose; on ajoute ensuite de l'infusion gallique au liquide, on le rend légèrement alcalin et on le concentre; s'il fournit un précipité brun, et prend une teinte rouge brune, il donne par là une des marques positives de la présence du titane; mais comme la quantité dans laquelle celui-ci doit s'y rencontrer ne peut être que très-petite, et qu'elle nécessiteroit pour la retirer plusieurs opérations minutieuses, on se contente de mettre ce liquide en réserve, pour le réunir à ceux de même nature, qui se présenteront dans la suite des opérations, et le traiter à la fin comme il sera indiqué.

On s'assure si la silice déposée dans le lavage contient du titane, en l'exposant à l'action de l'acide oxalique, avant de la rougir; traitant le liquide acide par l'infusion gallique, et, s'il paroît en indiquer quelques traces, le joignant à celui qui a été mis de côté.

b. On soumet les parties restées insolubles dans la potasse à l'action de l'acide hydrochlorique étendu ; et l'on acquiert de nouvelles preuves de la présence du titane, dans le développement de chaleur qui a lieu autour d'elles, et leur adhérence aux parois du verre, si on ne les agite pas de temps en temps, en les exposant à la chaleur. Dans le cas où les parties qui résisteroient à l'acide seroient plus considérables qu'on ne s'y attendoit, on les reprendroit avec la potasse. On sature la dissolution avec un sous-carbonate alcalin ; et après en avoir séparé le précipité, on réunit les lavages aux liquides mis en réserve, §. *a.*

c. Pour enlever l'alumine d'un précipité, on a coutume d'exposer celui-ci à l'action de la potasse, et de traiter le liquide par l'hydrochlorate d'ammoniaque. Mais comme il arrive toujours, lorsqu'il s'y rencontre du titane, ainsi qu'il a été observé à l'article des réactifs, qu'il s'en dissout une partie avec l'alumine, et que l'hydrochlorate d'ammoniaque, tout en en laissant quelque peu dans la dissolution, en précipite cependant la majeure partie avec cette terre, on évite cette cause d'erreur, en la précipitant avec le sulfate d'ammoniaque, évaporant le liquide à consistance saline humide, dissolvant dans de l'eau son produit, pour en séparer quelques portions de silice qui s'y trouvoient, et réunissant les lavages à ceux qu'on a mis en réserve, §. *a.* et *b.*

d. Le titane ne se dissolvant pas dans la potasse aussi facilement que l'alumine, tout résidu, dans lequel il s'en trouve, conserve un caractère gélatineux; mais comme ce caractère appartient aussi à l'alumine, il convient, pour le priver entièrement de cette terre, de le soumettre encore une fois à l'action de la potasse, puis de traiter de la manière suivante le résidu fourni par cette seconde opération.

On le dissout dans l'acide hydrochlorique, auquel résiste quelque peu de silice qui s'y rencontroit; on en précipite le fer avec l'hydrocyanate de potasse, on sature le liquide avec un sous-carbonate alcalin, on le porte à l'ébullition, et on obtient un précipité blanc volumineux, gélatineux; on réunit le liquide aux précédens. Ce précipité étant quelquefois composé de titane, de chaux et de magnésie, on l'expose à une très-vive chaleur, qui rend le titane insoluble dans les acides, sans nuire à la solubilité des autres substances; on le soumet ensuite à froid à l'action du vinaigre distillé; on reçoit sur un filtre les parties insolubles, qui sont du titane pur, ou coloré par quelque peu de fer, et on précipite les terres dissoutes par les procédés habituels; on reconnoit que l'opération a été bien conduite, si le liquide supersaturé n'éprouve d'autre changement avec l'infusion gallique, que celui qu'elle occasionne sur tout liquide alcalin, c'est-à-dire, un précipité jaunâtre, soluble dans l'eau bouillante.

e. Enfin, comme le titane forme des sels doubles avec tous les acides, que le tannate de titane se dissout dans l'infusion gallique, et que ces deux causes rendent très-difficile la séparation complète de ce principe, on parvient à l'obtenir entièrement, en jetant de l'infusion gallique dans les liquides mis en réserve, les évaporant à siccité, rougissant leur produit de manière à en détruire les substances végétales, dissolvant dans de l'eau la masse saline qui en résulte, jetant le liquide sur un filtre, lavant les parties insolubles, les faisant rougir de rechef, pour en faire disparoître les substances charbonneuses, et lavant dans une eau acidulée la poudre blanche qu'elles donnent, qui est le titane cherché; celui-ci se trouvant quelquefois coloré par le fer ou le manganèse, on l'en dépouille, en l'exposant à une très-vive chaleur, et le faisant digérer dans l'acide nitro-hydrochlorique.

En répétant deux ou trois fois sur les lavages cette série d'opérations, et ajoutant chaque fois de l'infusion gallique, on retire tout le titane contenu dans le minéral en recherche.

Comme les minéraux dont il sera fait mention, comptent la potasse ou la soude au nombre de leurs principes constituans, je dirois, si la plupart des analyses que nous en connoissons n'étoient pas antérieures à la découverte de ces alcalis dans le règne minéral, qu'il seroit impossible d'expliquer comment l'existence d'une substance étrangère, dans l'hydrochlorate alcalin formé dans ces analyses, n'a pas attiré l'attention des chimistes; car en procédant à la recherche de ces principes, il arrive toujours, si le titane préexiste dans le minéral, que l'hydrochlorate de potasse ou de soude obtenu n'entre pas en fusion, comme lorsqu'il est pur, mais qu'il reste plutôt dans un état spongieux, qu'il dépose une poudre blanche par sa dissolution dans l'eau, et nécessite plusieurs dissolutions, évaporations et expositions à une vive chaleur, pour devenir pur, c'est-à-dire, pour abandonner tout l'oxide de titane qu'il retenoit à l'état de sel double ; ensorte qu'on ne doit estimer la proportion de l'alcali contenu dans le minéral, qu'après avoir privé complètement l'hydrochlorate de tout le titane qui y restoit combiné.

Les 0,10 de potasse accusés par KLAPROTH dans le mica foliacé noir de Sibérie, où je n'ai pu en reconnoître que 0,05,70, ne me paroissent devoir être attribués qu'à cette cause.

Les procédés à suivre dans l'analyse des fers titanés sont ceux de KLAPROTH et de CORDIER, qui consistent à dissoudre dans l'acide hydrochlorique le minéral traité ou non par la potasse, à évaporer la dissolution à siccité, à redissoudre le produit dans de l'eau, répétant plusieurs fois ces opérations, concentrant les liquides, y laissant déposer l'oxide de titane, et les traitant ensuite par l'infusion gallique, après en avoir séparé le fer par l'hydrocyanate de potasse.

Je ne terminerai pas cet article sans énumérer les caractères de la substance obtenue par mon procédé, que j'envisage comme du titane.

Elle est blanche, elle a un toucher doux, onctueux; elle n'est soluble dans les acides qu'après s'être combinée avec une certaine quantité de potasse et d'eau; elle forme des sels solubles et insolubles avec les acides sulfurique, nitrique et hydrochlorique; les premiers fournissent à l'évaporation des masses gélatineuses déliquescentes, s'ils résultent des acides sulfurique et nitrique, et une masse permanente avec l'hydrochlorique; sa dissolution dans les acides donne un précipité vert dragon par l'hydrosulfure d'ammoniaque, un précipité jaune avec l'infusion gallique, un blanc volumineux et gélatineux avec les alcalis purs et carbonatés, qui est soluble dans la potasse, qui en est précipité par l'hydrochlorate et non par le sulfate d'ammoniaque; elle forme des sels doubles avec tous les acides, et fournit au chalumeau les mêmes produits que le titane retiré du ruthile. En un mot, cette substance ne diffère du titane existant dans le ruthile, que dans ses rapports avec l'hydrocyanate de potasse, dans une résistance plus grande à abandoner l'acide hydrochlorique par l'effet de la chaleur, et dans son peu de disposition à prendre au feu une teinte citrine; exceptions qui ne me paroissent pas assez fortes, pour lui refuser le nom de titane.

§. 2.

Des Micas.

Les principaux caractères du titane expliquant pourquoi les proportions de silice, d'alumine et de magnésie, indiquées par quelques chimistes dans l'analyse des micas, varient, et pourquoi aussi celles du titane, que j'y ai reconnues, peuvent se trouver trop considérables, on peut croire, que des résultats, fournis par un procédé qui prévient ces causes d'erreurs, doivent mériter quelque confiance.

Pensant que le mica foliacé vert de Sibérie étoit celui qui, s'il provenoit de la même localité, devoit varier le moins dans sa composition, et dont les résultats analytiques devoient offrir un point de comparaison avec ceux qu'à obtenus KLAPROTH, je procédai à son analyse selon la marche indiquée par ce savant dans le 5.ᵉ vol. de ses Mémoires, p. 75, où ce mica est indiqué lui avoir fourni :

Silice,	42,50.
Alumine,	11,50.
Magnésie,	9.
Oxide de fer,	22.
Manganèse,	2.
Potasse,	10.
Perte par le feu,	1.
	98.

Et j'obtins les résultats suivans :

Silice,	34.
Alumine,	9,25.
Oxide de fer,	31.
Magnésie,	16.
Manganèse,	0,70.
Potasse,	5,70.
Perte par le feu,	2,75.
	99,40.

Ayant repris ensuite, et traité selon ma méthode, les liquides, que KLAPROTH avoit jugé ne plus tenir de principes en dissolution, puis recherché, dans chacun des produits obtenus, le titane, la potasse et l'eau qui devoient s'y trouver combinés, je retirai quelques grains de titane des premiers, j'en séparai davantage des seconds, où il se trouvoit combiné avec de la potasse et de l'eau; je réduisis ainsi les proportions de silice, de magnésie et d'alumine, et j'amenai celle des principes constituans aux termes suivans :

Silice,	24.
Alumine,	8,50.
Magnésie,	5.
Peroxide de fer,	30.
Manganèse,	0,70.
Titane,	21.
Potasse,	5,70.
Perte par le feu,	2,75.
	97,65.

La différence que présentent les proportions des principes obtenus par KLAPROTH et par son procédé, n'ayant d'autre cause que l'origine des micas, ainsi que l'expérience me l'a confirmé, n'empêche pas de reconnoître, que la silice, la magnésie et l'alumine se trouvoient dans l'une et l'autre analyse mélangées de titane, de potasse et d'eau; mais de ce que KLAPROTH n'avoit pas aperçu le titane, et de ce que j'en ai accusé (1) une quantité plus considérable qu'il n'en existe réellement, il ne s'ensuit pas, comme BERZELIUS, dont d'ailleurs j'admire les rares talens, veut le représenter dans son Annuaire, en citant mon travail (*Jahresbericht*, 1824), que le titane ne s'y rencontre que dans la minime proportion d'un quart pour cent; car bien que le principe que je désigne par le nom de titane dans les micas, ne se conduise pas entièrement au chalumeau comme celui des fers titanés (ce que je n'ai pu reconnoître avec celui que j'ai obtenu par mon dernier procédé), il ne possède pas moins toutes les principales propriétés du titane retiré du ruthile, et mes résultats ne peuvent admettre que cette substance appartienne à un ou à plusieurs des principes indiqués par KLAPROTH dans ce mica.

Je dois aussi chercher à détruire les doutes portés par le même savant, sur la présence du lithion que j'ai reconnu dans le mica du Vésuve, en rapportant qu'une substance qui occasionne dans un creuset

---

(1) Journal de Physique, 1821.

de platine des taches bleues, beaucoup plus marquées que celles que fournit le manganèse, qui produit des sels visqueux, transparens comme la gomme, avec les acides hydrochlorique et acétique, dont le sulfate est soluble dans l'alcool, et dont la dissolution de son hydrate dépose un carbonate insoluble, par l'effet d'un courant de gaz acide carbonique, que cette substance, dis-je, me paroît avoir tous les caractères du lithion, et peut aussi bien se trouver dans cette variété de mica que dans la lépidolithe.

Outre le mica foliacé vert de Sibérie, j'ai examiné les suivans par le procédé, indiqué et n'ai pas aperçu beaucoup de différence entre mes derniers résultats et les précédens.

	MICAS.		
	Blanc de Sibérie à lames rondes et courtes.	Lamelliforme de Lorraine dit or des chats.	Vert noirâtre de la vallée de Binnen en Valais.
Silice.	47,25	38	31,65
Alumine.	18	7	0,40
Magnésie.	0	0	0
Chaux.	1,50	0	0
Peroxide de fer.	8,75	42	17,75
Titane.	10	2	30
Potasse.	7,50	3,50	6,10
Manganèse.	2	1	0
Perte par le feu.	3,20	4,50	1,75
	98,20	99	97,65

Les micas de Fimbo, de Brodbo et de Korarf m'ont aussi fourni du titane, mais les échantillons que j'avois étoient trop petits, pour en déterminer exactement les proportions.

§. 3.

Des Talcs.

VERNER avoit placé le mica et la chlorite dans le genre argileux ; le talc, la stéatite et l'asbeste dans le genre magnésien, BRONGNIART les a réuni dans l'ordre des pierres onctueuses; LÉONHARD range les quatre premiers sous la dénomination générique de mica, et BIOT dans ses recherches sur la polarisation, semble vouloir les séparer; des conséquences analogues à celles qu'a déduites ce dernier savant, engagèrent, il y a cinq ans, M.r FRÉDERICH SORET, à me demander de m'occuper de l'analyse de ce genre de pierres; mais quels résultats m'a fourni l'analyse de plusieurs micas? L'alumine qui y avoit été envisagée comme formant du quart à la moitié des parties constituantes, ne s'y trouve que dans des proportions beaucoup moindres, quelquefois même s'y reconnoît à peine; la magnésie ne s'y rencontre que rarement, et par contre la silice, le fer, le titane, et un principe alcalin en forment les principales parties; d'où il résulte, que déjà les micas ne peuvent rester placés dans les genres auxquels ils sembloient appartenir.

Les talcs, qui se distinguent des micas par leur toucher doux et onctueux, la flexibilité et le peu d'élasticité de leurs lames, leur écartement par la chaleur, et les taches qu'ils laissent sur les étoffes en les frottant, offriront-ils des résultats analogues à ceux des micas? KLAPROTH et VAUQUELIN qui en ont examiné plusieurs, ont obtenu, dans l'analyse de celui du S.t Gothard, des résultats si uniformes, que j'hésitai long-temps à m'en occuper (1); cependant, fondé sur la différence qui se voyoit entre les résultats que m'avoient donné les micas, et ceux de plusieurs savans, et surtout sur l'avantage que mon procédé paroissoit offrir, je passai les trois variétés suivantes en revue, et trouvai qu'elles contenoient :

	Talc laminaire flexible du St. Gothard.	Talc laminaire endurci de Briançon.	Dit du Tirol.
Silice.	50	53	69,50
Alumine.	0	0	0
Magnésie.	12	14,50	3,75
Peroxide de fer.	2,25	1,50	0,25
Titane.	19,25	20,50	20
Manganèse.	1	0	une trace
Soude.	10,55	5	0
Potasse.	0	0	2,50
Perte par le feu.	3,50	4,50	1,70
	98,55	99	67,80

(1) Vauquelin l'avoit reconnu composé de 0,62 silice, 0,27 magnésie, 0,01 $\frac{1}{2}$ alumine, 0,03$\frac{1}{2}$ fer oxidé ,0,04 à 6 eau.

Ce qui prouve que leurs principes constituans diffèrent de ceux des micas, en ce que l'alumine qui se rencontre dans tous les micas n'en fait pas partie, et que la manganèse en remplit la place.

L'uniformité des proportions dans lesquelles le titane s'y rencontre, présente une grande analogie avec celle qu'a observée Cordier dans 27 variétés de fers titanés, provenant des sables volcaniques, où ce savant remarque qu'elle n'excède pas de 11 à 16 pour $\frac{0}{0}$. Ici on ne la voit varier que de 19 à 22.

Je ne passerai pas sous silence, que j'ai mis, dans l'examen du titane que ces talcs ont fourni, toute l'exactitude possible, et que j'ai obtenu dans ces recherches les preuves les plus évidentes de sa pureté et de son identité avec celui du ruthile, sauf les propriétés de prendre une couleur citrine par la chaleur, et une teinte jaune avec l'infusion gallique, aussi foncée que le tannate formé avec le titane du ruthile.

§. 4.

Des Chlorites.

La chlorite, qui a, comme les précédens minéraux, le toucher doux et onctueux, répand l'odeur de l'argile par l'insuflation, et varie, dans sa couleur, du vert foncé au jaunâtre.

Klaproth et Vauquelin nous ont donné l'analyse de la chlorite commune, et celle de la chlorite en masse; d'après eux, elles contiennent :

	la commune pulvérulente, par Klaproth.	la chlorite en masse, par Vauquelin.
Silice.	35	26
Alumine.	12	18
Magnésie.	3,50	8
Chaux.	2,50	0
Fer oxidé.	17	43
Eau.	11	2
Hydrochlorate de soude et de potasse.	0	2
	99	99

Berthier nous a fait connoître, il y a peu de temps (1), l'analyse de plusieurs espèces de chlorites, dont la silice, la magnésie, l'alumine, la chaux, le fer, la potasse et l'eau forment les principes constituans; mais ces substances s'y rencontrent dans des proportions si différentes, que ce savant observe, qu'une chlorite, dont la localité n'est pas indiquée, lui a donné 0,26 de silice, et 0,19 d'alumine, tandis que la terre de Véronne lui a fourni 0,67 de la première, 0,05 de la seconde; je fus curieux, d'après cela, de reconnoître, si le titane que j'y soupçonnois, seroit une cause de la différence de ces résultats.

La première espèce que j'examinai fut la chlorite commune pulvérulente du S.t Gothard; elle recouvroit une roche quartzeuse, parsemée de cristaux de quartz et d'amphibole, et put en être détachée à l'aide d'une barbe de plume; elle n'avoit pas d'action sur l'aiguille aimantée, et étoit mélangée de petits grains noirs et blancs, dont les derniers réfléchissoient vivement la lumière.

---

(1) Annales des mines, Tom. VI.

Je l'exposai, ainsi que les espèces suivantes, à une très-vive chaleur, dans un tube de platine, auquel étoit luté un tube de verre, tiré en pointe à son extrémité; elle perdit 17,50 de son poids, abandonna une eau alcaline, jaunâtre, d'une saveur désagréable, et prit une teinte noire.

La seconde espèce fut une chlorite schisteuse de Saxe; sa couleur étoit d'un vert foncé passant au noir à la surface; elle avoit un éclat gras, une cassure schisteuse; les feuillets qui étoient courbes ne contenoient ni grenats, ni fer cristallisé, comme on en trouve souvent dans cette espèce; l'on n'y distinguoit point de grains brillants; au lieu de perdre une eau alcaline par l'effet de la chaleur, elle fournit un liquide rougissant le papier bleu de tournesol, dans lequel l'acide hydrochlorique fut reconnu.

La troisième fut un fragment de chlorite de Véronne, que M.r Jurine eut la bonté de détacher de sa collection; elle avoit une teinte d'un vert blanchâtre, étoit parsemée de petits cristaux très-brillans et de molécules noires; pulvérisée, elle offroit un toucher onctueux, et en l'exposant à une vive chaleur, ne laissa dégager que de l'eau.

La quatrième fut la terre de Véronne du commerce; elle avoit une teinte foncée, un toucher doux, et formoit une masse homogène, dans laquelle on ne distinguoit aucun corps étranger; rougie dans l'appareil indiqué, elle est devenue noire, magnétique, et n'a laissé dégager que de l'eau.

La cinquième fut la chlorite du calcaire chlorite de Beauvais, que je dépouillai préalablement des cristaux de quartz qui s'y trouvent mélangés, et, à l'aide d'un acide foible, de la chaux qui l'enveloppe; exposée à une forte chaleur, elle n'a donné que de l'eau.

Voici le tableau des produits obtenus, dans l'analyse de ces cinq espèces de chlorites : duquel il résulte, que, quelque différente que soit la nature de certains principes constituans, le titane ne s'y rencontre point dans une proportion régulière, mais que le fer se trouve partout à l'état d'hydrate.

	CHLORITES				
	Pulvérulente du St. Gothard.	Schisteuse de Saxe.	En masse de Véronne.	Dite du commerce.	Dite du calcaire. Chlorite de Beauvais.
Silice.	7,50	31	12,80	34,50	48
Alumine.	11	10	0	45,50	0
Peroxide de fer.	24	19	34,65	14,75	19,50
Titane.	36,50	15	24	14,25	12
Soude.	2,25	0	6,50	4	8,75
Potasse.	0	8,60	0	0	0
Magnésie.	0	0	7,50	0	0
Perte par le feu.	17,50	19	14,50	17	11
	98,75	100,60	99,95	100	99,25

§ 5.

Des Stéatites.

On comprend sous ce nom des minéraux de consistance terreuse, à cassure feuilletée, doux et comme savonneux au toucher, qui se laissent facilement couper au couteau, qui prennent de la dureté à la chaleur, et se fondent en un émail blanc.

Les stéatites ont une si grande analogie avec les talcs, qu'elles sont désignées par quelques auteurs, comme les chlorites, sous le nom de talc stéatite.

KLAPROTH et VAUQUELIN, qui ont analysé quelques variétés de stéatite commune, les ont trouvé composées comme suit :

	STÉATITES		
	De Cornouailles, par Klaproth.	De Bareuth, par Klaproth.	Compacte rose, par Vauquelin.
Silice.	48	59,50	64
Magnésie.	20,50	30,50	22
Alumine.	14	0	5
Fer oxidé.	1	0,50	5
Eau.	15,50	5,50	6
	99	98	102

1.° Celle de Cornouaille traitée d'après mon procédé, m'a donné :

Silice,	35,50.
Alumine,	8.
Peroxide de fer,	1,75.
Titane,	33.
Chaux,	0,50.
Eau,	19.
	98,25.

2.° La stéatite de la vallée de Chamouni, qui y est employée, ainsi que dans le Valais, à la construction des fourneaux, est composée de :

Silice,	47.
Oxide de fer,	15.
Titane,	26.
Soude,	5,50.
Manganèse,	0,25.
Eau,	5.
	98,75.

3.° Une dite lamellaire, blanche, feuilletée, qui m'avoit été envoyée d'Espagne, sans désignation de localité, contenoit :

Silice,	47.
Alumine,	6,50.
Oxide de fer,	0,50.
Manganèse,	3,55.
Titane,	27.
Soude,	15.
	99,55.

La chaleur ne lui avoit fait éprouver aucune perte, mais elle lui avoit donné une très-grande dureté.

4.° Une stéatite pagodite, que M.r le Professeur NECKER avoit reçue d'un capitaine de vaisseau venant de Canton; elle étoit d'un blanc verdâtre, avoit une demi-transparence, et contenoit :

Silice,	12,75.
Alumine,	8,50.
Fer oxidé,	9,25.
Titane,	9.
Potasse,	5.
Perte par le feu,	5.
	49,50.

Celles des mêmes contrées avoit fourni :

	à Klaproth.	à Vauquelin.
Silice.	54	56
Alumine.	35	29
Fer oxidé.	0,75	1
Eau.	5,50	5
Chaux.	0	2
Potasse.	0	7
	95,25	100

5.° La stéatite lamellaire de Val-Tornanche dans la Val-d'Aoste, qui a une teinte verdâtre, acquiert par une vive chaleur une très-grande dureté, devient rougeâtre, et perd 14,50 de son poids; elle est composée de :

Silice,	21.
Alumine,	5,10.
Fer oxidé,	16.
Titane,	30.
Soude,	10,50.
Eau,	14,50.
	97,10.

6.° Le titane s'est aussi fait connoître dans une stéatite verdâtre, de l'île de Jona qui fait partie des Hébrides ; cette pierre, qui s'y rencontre sous la forme de petits rognons, parsemés dans un calcaire primitif, a présenté dans sa composition les mêmes caractères que les précédentes, et n'est pas entrée en fusion avec la potasse.

§. 6.

De l'Asbeste.

Ce minéral, que la douceur de son toucher, et les résultats analytiques, ont fait placer dans le genre magnésien, offroit dans ses caractères extérieurs tellement d'analogie avec ceux qui précèdent, qu'il me parut devoir en être de même relativement à la nature de ses principes constituans.

Bergman et Chenewix, qui se sont occupés de l'analyse de l'amianthe, l'ont trouvé composée de :

	par Bergman.	par Chenewix.
Silice,	56,2	59
Alumine,	2	3
Magnésie,	26,1	15
Chaux,	12,7	9
Fer,	3	une trace
	100	96

L'asbeste amianthe du Valais, à fibres roides, et l'asbeste à fibres flexibles, m'ont fourni les résultats suivans :

	Le premier.	Le second.
Silice,	47,75	50,70
Magnésie,	0,55	5
Fer oxidé,	4,25	20
Soude,	14	0
Potasse,	0	9,85
Titane,	19	12,30
Eau,	14,50	1,75
	99,05	99,60

Il a paru surprenant, que celle de ces variétés qui paroissoit devoir contenir le moins d'eau, eût éprouvé une si grande perte par le feu, et que l'autre, qui étoit d'un blanc éclatant, contînt autant de fer; aussi ne peut-on pas douter que la majeure partie n'y soit à l'état de silicate.

§. 7.

De la Macle.

La macle de Bretagne, qui n'a pas encore été analysée, se rencontre dans un schiste argileux, sous la forme de prismes droits à quatre faces légèrement rhomboïdaux, dont le sommet est rompu.

Elle est formée de couches de différentes couleurs, dont l'extérieure, qui est très-mince, a un éclat nacré et une teinte jaunâtre; la seconde, qui est plus épaisse, offre les mêmes caractères; et la troisième, qui occupe le centre, est d'un bleu noirâtre, de forme rhomboïdale.

Des lignes noirâtres sortent de chacun des angles du rhombe noir, traversent la couche jaunâtre, et se terminent quelquefois par de petits rhombes de même teinte qu'elles.

Sa pesanteur spécifique est de 294.

Comme les deux principales couches dont cette pierre est formée offrent une différence sensible dans leur composition, je les séparai à l'aide de pinces tranchantes; l'une et l'autre ont une texture compacte, un grain fin et rayent le verre; la couche jaunâtre a la cassure vitreuse et éclatante du feldspath; la noire en a une terne dont les angles sont moins vifs; la première fond plus difficilement au chalumeau que la seconde; mais elles donnent toutes deux un émail blanc.

Examinées selon ma méthode, elles m'ont donné :

	la couche jaunâtre.	la noire.
Silice,	19,75	65
Alumine,	14	2,50
Peroxide de fer,	16,25	4,50
Titane,	40	9
Chaux,	0,75	0
Magnésie,	1,59	0
Soude,	3,45	0
Potasse,	0	12
Manganèse,	une trace	une trace
Perte par le feu,	2,75	3,50
	98,45	96,50

Les proportions de fer reconnues dans ces deux analyses, ne répondant point à celles que, d'après la teinte des couches, l'on auroit cru devoir y rencontrer, j'examinai plus attentivement le tissu de la couche noire, et j'aperçus bientôt que sa couleur, qui étoit bleue, ne paroissoit noire, que par suite de la position de ses molécules, et de la manière dont elles refléchissoient la lumière entr'elles. Rougie fortement, cette couche ne prit qu'une teinte isabelle clair, tandis que la jaunâtre prit celle d'un peroxide de fer pâle.

Le schiste dans lequel cette macle se trouve, ayant le toucher onctueux des pierres dont l'argile forme une des principales substances, je le traitai avec l'acide sulfurique.

Mais la résistance qu'il offrit fut si grande, que je fus contraint de procéder à son analyse de la même manière que pour les macles, et à mon grand étonnement, je le trouvai contenir :

Silice,	24.
Peroxide de fer,	24.
Alumine,	4.
Titane,	22.
Perte par le feu,	6.
	100.

Quant au titane, je dirai qu'un schiste bleuâtre, des environs de Salenches, m'en a fourni 0,12.

Je dois aussi faire connoître, que le titane de la macle a pris par la chaleur une teinte citrine, moins foncée que le titane du ruthile, et qu'il l'a perdue en se refroidissant.

§. 8.

De l'Eisspath.

L'eisspath, ou le spath de glace, fut ainsi désigné par Verner, à cause de sa forme lamelleuse, et de son éclat scintillant; il se trouve dans les déjections du Vésuve.

La roche sur laquelle on le rencontre est composée de lamelles qui se croisent en tous sens, et qui sont parsemées d'amphibole, de mica prismatique, de zircon, etc.

Le clivage des cristaux d'eisspath se fait parallèlement aux plans d'un parallélipipède obliquangle, qui paroît semblable à celui du feldspath.

Sa forme cristalline paroît de même se rapporter à celle du feldspath, dont la primitive est celle d'un octaèdre à base rhombe.

Ces lames, quoique moins dures que le cristal de roche, rayent le verre et se laissent aisément réduire en poudre.

Sa pesanteur spécifique est de 2,432.

Entretenu à l'action du chalumeau, il ne paroît pas éprouver de changement, et exposé à une vive chaleur, il conserve sa transparence, sans indiquer aucune perte.

Quoiqu'il soit accompagné de néphéline, avec laquelle il a beaucoup de ressemblance, on parvient aisément à les distinguer, en les exposant à l'action de l'acide nitrique, dans lequel l'eisspath conserve sa transparence, et où la néphéline prend une apparence gélatineuse.

Je m'étois occupé de son analyse avant d'avoir étudié les propriétés du titane; et j'ai distinctément découvert, en apprenant à les connoître, que les difficultés qu'elle avoit présentées, étoient dues à l'existence de ce principe; car j'avois obtenu une substance blanche, soluble dans les acides, qui par son exposition à une vive chaleur perdoit cette propriété, et la reprenoit en la traitant avec la potasse; qui étoit soluble dans la potasse pure et carbonatée; qui fournissoit des précipités verts avec l'hydrocyanate de potasse, et l'hydrosulfure d'ammoniaque; et qui mêlée avec de l'huile de lin, placée entre deux morceaux de charbon, dans un creuset luté, m'avoit offert, après une exposition de deux heures à un feu de forge violent, une masse poreuse, recouverte d'une couche métallique jaunâtre, parsemée de points brillans, etc.

Appuyé sur de tels résultats, je ne devois plus douter que le titane ne fût au nombre des principes constituans de l'eisspath, et l'ayant examiné selon ma méthode, je l'ai trouvé composé de :

Silice,	39,75.
Alumine,	18,50.
Titane,	25,15.
Peroxide de fer,	2,75.
Soude,	10.
	96,15

Tels sont les minéraux sur la nature desquels j'ai spécialement porté mon attention; les deux derniers paroissant appartenir à la famille des feldspaths, jai dirigé sur ceux-ci les mêmes recherches, et déjà les produits obtenus répondent à mon attente.

TABLE.

ERRATA.

Page 12, ligne 24, tinanium, *lisez* titanium.
Page 64, ligne 3, manganèse, *lisez* magnésie.

www.ingramcontent.com/pod-product-compliance
Ingram Content Group UK Ltd.
Pitfield, Milton Keynes, MK11 3LW, UK
UKHW020345180726
13839UKWH00002B/934

9 782329 303796